苔で楽しむ
テラリウム

富沢 直人

エムピージェー

苔で楽しむテラリウム「コケリウム」

　渓流沿いや山間の林道脇で、ひかえめでありながらもしっとりと鮮やかな緑の絨毯を広げ、見る者を和ませてくれる苔の世界。その世界を部屋に再現し、身近に癒しの空間を演出する。それがコケリウムです。

　苔の種類や生息環境は様々です。この本では種類や栽培方法はもちろんのこと、作品の作り方から作品例まで、コケリウムの楽しみ方をしっかりと解説していきます。

CONTENTS

コケリウムの世界 6

コケリウムのコケ図鑑 20
- 苔とは 22
- 蘚類編 23
- 苔類編 49

コケリウムを作る 52

- 苔玉の作り方 54
  - 作品例 56
- 岩付き苔を楽しむ 58
  - 作品例 62
- テーブルで楽しめるミニコケリウム 64
  - 作品例 66
- 小型水槽で楽しむコケリウム① 70
- 小型水槽で楽しむコケリウム② 72
- 45cm水槽で楽しむコケリウム 74
  - リメイクしてみる 78
  - 作品例 80
- 小さな滝を作る清流コケリウム 84
  - 作品例 88
- 巨大パルダリウムに挑戦 90

コケリウムを楽しむ ……… 96

- 苔の入手 ……… 98

- 苔の採集 ……… 99
  - 輸送方法 ……… 100
  - トリートメント ……… 102
  - ストック ……… 103

- 日常のメンテナンス ……… 104
  - コケリウムの置き場所 ……… 104
  - 水やり ……… 105
  - トリミングと掃除 ……… 106
  - 苔の入れ替え ……… 107

- コケリウムグッズ ……… 108
  - 容器 ……… 108
  - 用土 ……… 109
  - 流木 ……… 110
  - 石・岩 ……… 111
  - お役立ちグッズ ……… 112

- 苔と相性のよい植物 ……… 116
  - ジュエルオーキッド ……… 116
  - シダの仲間 ……… 118
  - ベゴニアの仲間 ……… 120
  - サトイモの仲間 ……… 121
  - その他の植物 ……… 122

- こんな時どうする？ ……… 124
- 種名索引 ……… 126

コケリウムの世界

緑のくつろぎを
暮らしの片隅に

　ほんのひとかけ切り取ってきた苔を、苔玉や岩付けなど、自然の姿を生かした作品に仕上げる。作り方も至って簡単で、誰でも気軽に楽しめるのが大きな魅力です。
　たとえそれが小さな作品であっても、無機質な空間を、潤いのある和みの空間に演出してくれることでしょう。

詳しくは p54、p58 ページへ

小さな器で楽しめる
ミニコケリウム

　ホームセンターや100円ショップでも売られているアクリル製やガラス製の小さな容器。このような容器でもコケリウムを楽しめます。
　大きさや形も様々。単独で、また何個か組み合わせて、オリジナルな作品で部屋を彩りましょう。

詳しくはp64ページへ

手元に置ける おしゃれな空間

　苔を単体で楽しむのではなく、水槽に石や岩、流木を配置して苔を植え込み、自然の風景を再現するのも楽しいもの。
　ダイナミックなレイアウトが、一幅の絵画のように見る者を魅了し、部屋をおしゃれな空間に演出してくれます。

詳しくはp70ページへ

巨大なパルダリウムで迫力ある空間を演出

熱帯雨林のような環境を作る「パルダリウム」もコケリウムのひとつです。壁一面を占めるような巨大なパルダリウムは、部屋に居ながらにして迫力のある世界を楽しむことができます。
　制作コストはかかりますが、それほど大きなものでなければ自作も可能です。いつかは作ってみたい夢の詰まったコケリウムと言えるでしょう。

苔のある風景

　コケリウムを作る前に実際に苔が自生している場所を訪れてみましょう。自然の風景の中には苔を育てるための、そしてレイアウトをするためのヒントが数多く見られます。
　日照条件や湿度など、苔がどのような環境を好んで生えているかを観察し、苔の栽培に役立ててみましょう。また自分が気に入った風景があれば写真に残しておきましょう。レイアウトをする際に参考にすることで、よりよい作品に仕上げることができるでしょう。

苔が最も多く見られるのが山間を流れる清流や渓谷です。このような場所では湿度も高いため、オオバチョウチンゴケ、ヒノキゴケ、カマサワゴケなど、アクアテラリウムや密閉したボトルで栽培するのに適した種類が数多く自生しています

森林公園などでも数多くの苔を観察することができます。多く見られるのはスギゴケの仲間やハイゴケ、シノブゴケの仲間など。整備された場所が多いので、子供連れでも安心して苔の観察ができるのも魅力です。

渓流沿いを走る林道脇。タマゴケ、シッポゴケなど意外と多くの苔が見られ、観察しやすいポイントです。交通量が多い場合もあるので、安全な場所に車を止めて往来に注意しながら観察するようにしましょう。

コケリウムのコケ図鑑

苔とは

苔の仲間は総じて小型の植物で、シダ植物のように胞子を作って繁殖します。多くは湿度の高い渓流沿いや、山あいの日陰部分、林床などで見られます。種類によっては街中などでも見ることができますが、日当りのよい、常に乾燥している場所にはほとんど見られません。

苔の仲間は世界中に1万9000種前後の種類が知られており、そのうち日本では約1800種が知られています。

苔は大きく分けて蘚類（せんるい）、苔類（たいるい）、ツノゴケ類の3つのグループに分かれます。最も種類が多いのが蘚類で、日本では約1000種類以上が分布しています。ハイゴケ、スナゴケ、タマゴケなど人気の種類はそのほとんどが蘚類に含まれています。次に種類が多いのが苔類で、世界中で8000種、日本では600種以上が知られています。最も種類が少ないのはツノゴケ類で、世界中でも400種程度、日本では数十種類しか知られていません。

コケリウムで楽しまれる苔のほとんどは蘚類で、苔類は数種類、ツノゴケ類はほとんど使用されません。そのため本書では、蘚類、苔類を紹介しています。

蘚類

苔の中で、最も大きなグループ。茎と葉に分かれる茎葉体（けいようたい）と呼ばれる構造を持ちます。葉に葉脈が入る、葉には大きな切れ込みが入らないなどの特徴があります。

苔類

葉状体（ようじょうたい）と呼ばれる茎を持たない構造の種類と、茎と葉に分かれる茎葉体の種類があります。葉に大きな切れ込みが入り、葉に葉脈が見られないなどで蘚類と区別されます。

ツノゴケ類

最も種類の少ないグループで、田んぼの周りなど湿度の高い場所で見られます。全て葉状体の構造を持ち、体の作りも単純で、体内に藍藻類（らんそうるい）が共生しているため暗緑色をしています。

苔によく似た植物

苔とそっくりな姿をしていても、苔とは違う植物も数多く知られています。そのほとんどは、小型のシダの仲間や地衣類と呼ばれる菌類の一種です。

コケシノブの仲間

クラマゴケの仲間

蘚類編

図鑑の見方

① 写真
種の特徴がわかるように拡大写真と群生写真をそれぞれ掲載しています。また、実際の大きさの目安としてスケールも併載しています。

② 和名・学名
和名と学名は原則として『原色日本蘚苔類図鑑』に準拠して、最新の情報を反映させて表記しています。

③ 分布・栽培難易度
分布は実際に野生に生息している地域を表記しています。栽培難易度は容易、普通、やや難しいの3段階で表記しています。

④ 解説
種の特徴と栽培する際の注意点を記載しています。

ホソバミズゴケ

Sphagnum girgensohnii

ミズゴケ科
分布：北海道〜九州、北半球
栽培難易度：★★ 普通

日本で見られる水苔の仲間には約40種が知られているが、本種は細長い葉姿で、赤みが入らず全体が明るい緑色をしているのが特徴。この仲間は湿地帯で多く見られるが、本種はやや標高のある林道脇の、水が浸み出している明るい場所に自生していることが多い。水苔の仲間は乾燥させて洋ランや山野草の植え込み材料として重宝されており、生のままの水苔は高級な植え込み材料として扱われている。乾燥には弱いので、栽培は密閉容器で根元が湿っている状態で育てるとよい。

ナミガタタチゴケ
Atrichum undulatum

スギゴケ科
分布：北海道～九州、北半球
栽培難易度：★★ 普通

日本で約30種知られるスギゴケの仲間であるが、本種は葉幅が広く葉にはウェーブが入る独特の姿をしている。低地の林道脇や公園、山地など、半日陰の土の上で見られる。販売されていることはまれで、入手は採集がメインとなる。採集する際はホウオウゴケなどと同様、根掘りなどで土を1～2cmほどつけて採集しないとバラバラになりやすい。栽培には小粒の赤玉土を用い、土がしっとりと湿っている状態で管理して、乾かし過ぎや常に水に濡れている状態は避けるようにする。

ホウオウゴケ
Fissidens nobilis

ホウオウゴケ科
分布：北海道〜沖縄、朝鮮半島、
　　　台湾、千島
栽培難易度：★ 容易

この仲間にはよく似た種類が多いが、その中では大型の種類。やや葉幅のある鳥の羽のような姿は美しく人気がある。沢沿いの岩の側面や土の上に生えるが、それぞれの草体がつながっていないため、土ごとうまく剥がさないとバラバラになりやすい。乾燥には弱いが、多湿に強いため、アクアテラリウムに向いている。

トサカホウオウゴケ
Fissidens cristatus

ホウオウゴケ科
分布：北海道〜九州、アジア各地、
　　　ヨーロッパ、北米、アフリカ
栽培難易度：★ 容易

ホウオウゴケよりも小型で、より水を好むため、沢沿いの水が滴るような場所で多く見られる。乾燥には弱く、栽培は密閉容器やアクアテラリウムに向き、水中でも育成可能なため水性苔として販売されていることも多い。ホウオウゴケ同様バラバラになりやすいため、取り扱いには注意が必要。糸などで流木や岩にしばって活着させるとよい。

シッポゴケ

Dicranum japonicum

シッポゴケ科
分布：北海道〜九州、東アジア
栽培難易度：★★ 普通

その名の通りふさふさの尻尾を思わせる姿をした比較的大型の苔。やや標高の高い林内などの腐植土上で見られ、2m近い大きな群落を作ることもある。よく似た種類にカモジゴケが知られているが、乾くとカモジゴケはバラバラな方向に茎が湾曲するのに対し、本種では乾いても湾曲しないため、区別がつきやすい。乾燥にも強いが、栽培には湿度が保てる深めの容器や、アクアテラリウムが適している。ただし、水が滴る場所など常に濡れているような環境だと枯れやすい。

ホソバオキナゴケ
Leucobryum neilgherrense

> シラガゴケ科
> 分布：北海道〜九州、小笠原諸島、朝鮮半島、中国、東南アジア
> 栽培難易度：★ 容易

先の細長い明るい緑の葉を持ち、丸く盛り上がるような群落を作るため、その姿からマンジュウゴケの名前で親しまれているポピュラー種。丈夫で育成も容易なため、苔庭や苔ボトル、アクアテラリウムなどに幅広く用いられており、入手も容易。乾燥、多湿にも強いが常に濡れているような場所には不向き。渓流や谷を臨む林内の木の根元や倒木上、岩崖でよく見られる。よく似た種類に葉がやや大きめのアラハシラガゴケが知られているが、東日本では本種の方が数多く見られる。

ハマキゴケ
Hyophila propagulifera

センボンゴケ科
分布：本州〜九州、台湾
栽培難易度：★★ 普通

日当りのよいコンクリートの壁面や石垣などでよく見られる小型の苔。外見上はホソウリゴケ（P.31）と区別がつきにくいが、ルーペで拡大すると本種ではホソウリゴケと比べ葉が卵型をしているため区別がつく。雨の後など葉が開いているときには鮮やかな黄緑色に見えるが、乾燥していて葉を閉じているときには赤みがかった褐色に見える。箱庭や盆栽などの根元を覆うように配するのに適しているが、アクアテラリウムなど常に湿ったような環境は不向き。

スナゴケ

Rhacomitrium canescens

ギボウシゴケ科
分布：北海道〜九州、北半球
栽培難易度：★ 容易

非常に乾燥に強い苔で、庭や、山地の日当りのよい土の上に大きな群落を作る。苔庭などでよく用いられ、明るい緑の絨毯を敷きつめるように繁殖するため人気が高い。密閉した容器で用いるよりも、平鉢などで赤玉土や砂を用土にして植え付け、明るい場所で管理すると美しい姿を楽しませてくれる。寺社や庭園などで需要も多いため、苔を扱う園芸業者などで販売されている。植える際には土ごと移植しないとバラバラになりやすい。栽培には水はけのよい砂や赤玉土が適している。

ホソウリゴケ

Brachymenium exile

カサゴケ科
分布：北海道〜沖縄、小笠原諸島、朝鮮半島、東南アジア、ハワイ
栽培難易度：★ 容易

ギンゴケ（P.32）とともに都市部で最も普通に見られる苔。敷石の隙間や道路沿いの土が溜まった場所などにビロード状の盛り上がった小型の群体を作る。葉は細長い卵型で、茎に密着する。色は深みがかった緑〜明るい緑色。採集するときは苔全体を手で軽く押さえ、横にスライドさせるようにするとうまくいく。小型の種類のため苔盆栽や箱庭などに用いるのに適している。乾燥に強く、明るい場所であれば栽培も容易だが、常に湿った状態だとカビが発生して枯れやすい。

ギンゴケ
Bryum argenteum

カサゴケ科
分布：北海道〜沖縄、世界各地
栽培難易度：★容易

世界中に幅広く分布する種類で、南極にも分布する。都会でもホソウリゴケ（P.31）と同様に目にする機会の多いポピュラーな種類。小型の種類であるが、ホソウリゴケと比べると大きめ。道路沿いのコンクリート塀にハマキゴケ（P.29）など他の苔と混生している姿をよく目にするが、本種はその名の通り、葉の上半分が透明なため、乾くと銀白色に見えるので区別は容易。栽培はホソウリゴケと同様で、乾燥には強いが常に湿っている状態は不向きなため、箱庭や岩付けなどに向いている。

オオカサゴケ

Rhodobryum giganteum

カサゴケ科
分布：北海道〜九州、熱帯アジア、ハワイ、マダガスカル
栽培難易度：容易

非常に特徴のある大型の苔で直径は1〜2cmほど。存在感もあり、小さな容器に単独で植えても面白い。その名の通り幅広い葉を傘のように輪生させる。森林公園などの林内で見られ、シノブゴケの仲間（P.44〜45）と混生していることが多い。地下茎を伸ばして繁殖するため、一つの群体が全てつながっていることも。目立つため採集されることも多く、ネット通販などでも売られているが自生地では数が少なくなっている。乾燥にはやや弱く、密閉した容器やアクアテラリウムに向いている。

コバノチョウチンゴケ

Trachycystis microphylla

チョウチンゴケ科
分布：本州〜沖縄、朝鮮半島、シベリア、中国
栽培難易度：★★ 普通

山地の土の上や、岩上、時には樹上に大きな群落を作ることもある。立ち上がった茎の先で枝分かれした茎を伸ばし、そこに2〜3mmの細かな葉を茂らせる。写真の群落は初夏に渓流沿いの岩の上に生えていたもので、春先から初夏にかけてはこのような鮮やかな緑で美しい。栽培には密閉した容器などで多湿の環境を保ってやるとよい。

ツルチョウチンゴケ

Plagiomnium maximoviczii

チョウチンゴケ科
分布：北海道〜沖縄、アジア
栽培難易度：★★ 普通

渓流沿いを走る林道脇の湿った岩の上や土の上で見られる。匍匐状に茎を伸ばし、長さ5〜6mmのウエーブがかった葉をつける美しい種。乾燥には弱く、常に湿度のある環境で育てるのに適しているが、湿り過ぎは禁物。栽培のポイントは時折株全体をジョウロなどで洗い流すように水やりをし、水が溜まらないようにするとよい。

オオバチョウチンゴケ
Plagiomnium vesicatum

チョウチンゴケ科
分布：北海道〜沖縄、朝鮮半島、台湾、中国、ヒマラヤ
栽培難易度：★★ 普通

その名の通りこの仲間としては大きめ種で、渓流沿いの水しぶきがかかるような湿った岩の上や、水が滴るような場所でよく見られる。透明感がある緑色の葉は卵型〜長卵型で、長さは5〜8mmほど。多湿に強いのでアクアテラリウムやパルダリウムの水際にレイアウトするのに適している。密閉容器などで栽培する場合には多少水が溜まっている状態でもかまわないが、長期間そのままにしておくと腐りやすいので、こまめにジョウロで洗い流すように水やりをしてやるとよい。

コツボゴケ
Plagiomnium acutum

チョウチンゴケ科
分布：本州〜沖縄、東南アジア
栽培難易度：★★ 普通

明るい緑色をした美しい苔で、渓流沿いに多く見られる。匍匐する茎の先に尖った卵型の葉を茂らせる。茎の途中から枝分かれするため、密生した群落を作る。乾燥にも耐えるが、美しい姿を楽しむためにはアクアテラリウムやパルダリウムなど湿度のある環境で育てた方がよい。自生しているのは半日陰の環境だが、栽培にはやや明るめの照明が好ましい。

スジチョウチンゴケ
Rhizomnium striatulum

チョウチンゴケ科
分布：北海道〜九州、朝鮮半島、
　　　台湾、ヒマラヤ
栽培難易度：★★ 普通

その名の通り、葉の中央に筋が目立つ小型の苔で、似た種類にケチョウチンゴケが知られているが、本種の方が小型。ケチョウチンゴケは葉の前面に毛が生えているように仮根を伸ばす。小型で密生しないため、本種だけで楽しむよりも他の苔と用いるのに適している。乾燥には弱いが、多湿には強いので、水しぶきがかかるような場所に配置するとよい。

ヒノキゴケ
Pyrrhobryum dozyanum

ヒノキゴケ科
分布：本州〜沖縄、台湾、中国
栽培難易度：⭐ 容易

リスの尻尾を思わせるふさふさのこんもりとした姿をした大型の苔。その美しい姿から寺院などの苔庭に用いられることも多い。渓流沿いの林床や川砂の上で見られ、短期的な乾燥にも強いが、湿度の高い環境の方が美しい姿を楽しめる。本書でもアクアテラリウムや苔ボトルなどで多用しているが、栽培方法を間違えなければ半年以上にわたって美しい姿を保ってくれる。栽培のポイントは定期的なシャワーによるしっかりとした水やりだが、根元に水を溜めないこと。

ヒロハヒノキゴケ

Pyrrhobryum spiniforme var. badakense

ヒノキゴケ科
分布：本州〜九州、台湾、中国、ベトナム、スマトラ
栽培難易度：★★★やや難しい

ヒノキゴケ（P.37）をコンパクトにしたような姿の苔で、その名の通りヒノキゴケと比べて葉幅もある。渓流沿いや林床の朽ちかけた倒木の上などでマット状の群落を作る。栽培した感じではヒノキゴケと比べるとやや難しく感じるが、苔ボトルなどの密閉した容器でバークチップや樹皮繊維系の植え込み材を用いて、やや明るい場所で栽培するとうまくいくかもしれない。本種も湿度のある環境が適しているが、常に水が溜まっているような状態は避けた方がよいだろう。

タマゴケ
Bartramia pomiformis

タマゴケ科
分布：北海道〜九州、台湾、東アジア、
　　　ヨーロッパ、北米
栽培難易度：★★ 普通

シッポゴケ（P.27）を小型にしたような明るい緑色の美しい苔。山間部の林道沿いの明るい斜面で、こんもりとした群落がよく見られる。名前の由来は胞子体が玉のような形をしているため。乾燥にも強いが、乾くと葉が縮れて観賞価値がなくなるため、湿度のある環境で育てた方がよい。夏など高温時は茶色くなり枯れやすい。アクアテラリウムで用いる場合には直接水がかからない場所に配置し、蓋のない小型容器で栽培する場合は朝晩霧吹きをして湿度を高めてやるとよい。

カマサワゴケ
Philonotis falcata

クサスギゴケ科
分布：本州～沖縄、朝鮮半島、台湾、中国、フィリピン、インド、アフリカ
栽培難易度：★ 容易

比較的明るい、水のきれいな用水路の側壁や土の上などに、明るい緑色の群落を作る。田んぼのあぜ道などでもよく見かけるポピュラー種。群落は小さめの塊で点在することが多い。アクアテラリウムの水しぶきがかかる場所にレイアウトするのに適している。水槽内でも分離した無性芽から新しい群落を作り増える姿が楽しめる。

クロカワゴケ
Fontinalis antipyretica

カワゴケ科
分布：北海道～本州、アジア、ヨーロッパ、北米、アフリカ北部
栽培難易度：★ 容易

ウィローモスの名前で古くから水草として流通している種。入手も栽培も容易で、水中・水上どちらでも栽培可能だが、乾燥には弱い。そのためアクアテラリウムや水を入れたボトルで水中育成を楽しむとよいだろう。本種以外にもウィローモスとしてアクアリウムショップで販売されているものは何種類かあるが、いずれも栽培方法は同じでよい。

コウヤノマンネングサ
Climacium japonicum

コウヤノマンネングサ科
分布：北海道〜沖縄、朝鮮半島、中国、シベリア、チベット
栽培難易度：★容易

非常に存在感のある大型の苔。オオカサゴケ（P.33）のように地下茎を伸ばし、そこから直立する茎を伸ばしてその先で枝分かれし、ヤシの木を思わせるような美しい姿で増えていく。半日陰の渓流沿いや林縁部の砂、腐葉土上で見られ、小さな群落は同じ地下茎でつながっていることも多い。大型で見応えもあるため、小型の容器で単独植えしても十分に楽しめる。人気があるため苔を扱うショップやネット販売で容易に入手できる。よく似た種類に細かく枝分かれするフジノマンネングサが知られている。

キダチヒラゴケ
Homaliodendron flabellatum

ヒラゴケ科
分布：北海道〜沖縄、東アジア、
　　　東南アジア
栽培難易度：★★★やや難しい

林床の湿った岩の上などに比較的大きな群落を作る種類。大型種であるにもかかわらず繊細な印象を受け、やや灰色がかった薄い緑色の葉は細かく薄いため、湿っている状態でも乾いた感じに見える。雰囲気が独特なためアクアテラリウムなどに用いると面白そうだが、栽培は容易ではない印象を受ける。入手は採集がメイン。

オオトラノオゴケ
Thamnobryum subseriatum

ヒラゴケ科
分布：北海道〜九州、朝鮮半島、
　　　台湾、中国
栽培難易度：★★★やや難しい

山地の日陰になった岩の上や、林道沿いの斜面に群生する大型の苔。こんもりと繁るその姿は見応えがあるが、栽培はやや難しい。乾燥にも比較的強いが、乾き過ぎには要注意。レイアウトなどで楽しむ場合には朝晩ミスト装置などで湿度を与え、昼間は乾燥した状態にしてやるとよい。大きめのパルダリウム等での栽培に適している。

クジャクゴケ

Hypopterygium fauriei

クジャクゴケ科
分布：北海道〜九州、中国、北米西部
栽培難易度：★★ 普通

明るい緑色をした非常に美しい苔で人気が高い。沢沿いの林道斜面や渓流沿いの湿度が高い日陰で見られ、立ち上がった茎の先が枝分かれし細かな葉を繁らせる。その姿がまるでクジャクが羽を広げたように見えるためこの名前が付けられている。それほど大型な種類ではないが、その美しさから本種だけでも十分に存在感がある。栽培には湿度を保つために密閉容器が適しているが、常に濡れている状態だと枯れやすいため、時々蓋を開けて管理するとよいだろう。

トヤマシノブゴケ
Thuidium kanedae

シノブゴケ科
分布：北海道〜沖縄、朝鮮半島、台湾
栽培難易度：★ 容易

林内や山間を走る道路脇の斜面などで普通に見られる苔で、平面状に大きなマットを形成する。細かく枝分かれした先に緑〜黄緑色の細かな葉をつけ、その姿がシダ植物のシノブに似ていることからこの名前が付けられた。栽培も容易で、乾燥にも強く、苔庭や苔玉、アクアテラリウムなど様々な場面に使用できるため人気も高い。よく似た種類にオオシノブゴケが知られているが、オオシノブゴケは枝が細く繊細な感じがする。採集の他、通販や苔を扱うショップなどで容易に入手できる。

ヒメシノブゴケ
Thuidium cymbifolium

シノブゴケ科
分布：北海道〜沖縄、東南アジア熱帯域
栽培難易度： 容易

渓流近くの岩上や土の上など湿った場所でよく見られる。トヤマシノブゴケをやや小型にしたような種で、主となる軸の長さが短く、トヤマシノブゴケと比べ密な感じに見える。トヤマシノブゴケ同様マット状に成長するため、アクアテラリウムや水辺を用いたパルダリウムの水際など、湿り気のある広い場所を覆うのに適している。また湿り気を好む植物の苔玉にも使用される。乾燥には強いが、常に湿っている環境で育てた方が美しい姿を楽しませてくれる。

ミヤマサナダゴケ

Plagiothecium nemorale

> サナダゴケ科
> 分布：北海道〜沖縄、朝鮮半島、台湾、中国、ヒマラヤ、ヨーロッパ、アフリカ
> 栽培難易度：★★ 普通

渓流沿いや山地などの岩の上や木の根元、腐食土上に生える種で、黄緑色〜深緑の葉を持つ。匍匐する茎の両側に先の尖った卵型の葉を並べる。マルフサゴケに似ているが、本種の方がやや大型。アクアテラリウムなどで用いると変化が出て面白い。この写真の群落は渓流沿いの岩の上にヒメシノブゴケとともに生えていたもの。

マルフサゴケ

Plagiothecium cavifolium

> サナダゴケ科
> 分布：北海道〜本州、千島、ヨーロッパ、アフリカ
> 栽培難易度：★★ 普通

ミヤマサナダゴケとよく似た種であるが、本種の方がより小型なため区別がつきやすい。渓流沿いや山地の岩の上、土の上で見られ、乾燥すると茎に沿って葉が丸まり棒状に見える。アクアテラリウムに用いてみたが特に難しい感じは受けなかった。販売されていることはほとんどないため、入手は採集するしかないだろう。

ハイゴケ

Hypnum plumaeforme

ハイゴケ科
分布：北海道〜沖縄、台湾、中国、東南アジア、ハワイ、インド
栽培難易度：★ 容易

スナゴケ（P.30）とともに庭園やアクアテラリウム、苔玉などに最も多く使用されるポピュラーな種。湿った場所よりも朝晩に露が降りるような山間部を走る道路沿い、林床などの岩の上、土の上などに大きなマット状の群落を作る。栽培は容易で乾燥にも強いが、オープンスペースで栽培する場合は美しい状態を保つために霧吹きなどで毎日湿度を与えてやるとよいだろう。密閉した容器などで栽培する場合は濡れ過ぎに注意しないと腐りやすい。ショップや通販などで入手も容易。

ヒメハイゴケ
Hypnum oldhamii

ハイゴケ科
分布：北海道〜九州、朝鮮半島、中国
栽培難易度：★★ 普通

ハイゴケを小型にしたような種で、褐色がかった緑〜黄緑色をした繊細な美しさを持つ。ハイゴケと比べ湿度を好むため、渓流を臨む斜面の岩の上や倒木上、土の上などにマット状の群落を作る。栽培も密閉容器やアクアテラリウム、パルダリウムなど湿度を保てる環境が適している。販売されていることは少なく入手は採集がメイン。

フトリュウビゴケ
Loeskeobryum cavifolium

イワダレゴケ科
分布：北海道〜九州
栽培難易度：★★★ やや難しい

湿度のある日陰の岩上や地上に見られる種。毎年古い茎の途中から新しい茎が伸びて成長するため、群落が大きくなると厚いマットを形成する。比較的大型で存在感もあるため、大きめのアクアテラリウムやパルダリウムに向いている。湿度のある環境が適しているが、常に濡れている状態は避けた方がよい。入手は採集がメイン。

苔類編

コムチゴケ
Bazzania tridens

ムチゴケ科
分布：北海道〜沖縄、小笠原諸島、東南アジア
栽培難易度：★★ 普通

ムチゴケによく似た種類の苔で、より小型なため区別は容易。半日陰〜日陰にある木の根元付近の樹幹や土の上、岩上などにマット状の群落を作る。茎は二股に分かれ、色は深緑〜灰緑色。栽培は普通だが、乾燥のしすぎや、湿り過ぎには注意が必要。大きなマット状に成長するため大型水槽でのグランドカバーにも向いている。

ナミガタスジゴケ
Riccardia chamedryfolia

スジゴケ科
分布：北海道〜沖縄、小笠原諸島、北半球
栽培難易度：★ 容易

非常に繊細な種で、平面状の細かく枝分かれした葉を持つ。山間の水の滴る崖などに自生しており、水中育成も可能なため、アクアリウムショップで水生ゴケとして販売されている。栽培は容易でアクアテラリウムの水中部分や、滝など水が滴る場所に用いるのに適しているが、乾燥には弱い。サイズも小型のため小型水槽にも向いている。

ホソバミズゼニゴケ
Pellia endiviifolia

ミズゼニゴケ科
分布：北海道〜沖縄、北半球
栽培難易度：★ 容易

緑色〜赤紫色をしたミズゼニゴケの仲間。鱗のように丸みを帯びた葉は二股に分かれ、密な群落を作る。山間の半日陰の水が滴るような場所で多く見られるが、明るい場所や、水のきれいな浅い水中でも見ることができる。水を好む種で水中育成も可能。栽培においてはナミガタスジゴケ同様、アクアテラリウムに向いている。乾燥には弱い。

ジャゴケ（オオジャゴケ）
Conocephalum sp. cf. *conicum*

ジャゴケ科
分布：北海道〜沖縄、北半球
栽培難易度：★★ 普通

独特の模様を持つ大型のゼニゴケの仲間で、渓流沿いの倒木、岩の上などに自生している。その模様から好みが分かれるが栽培は普通。以前は一種類とされていたが最近の研究でオオジャゴケ、ウラベニジャゴケ、タカオジャゴケの3種類に分類されているが、現時点ではまだ学名はつけられていない。写真はオオジャゴケ。

ウキゴケ
Riccia fluitans

ウキゴケ科
分布：北海道〜沖縄、世界各地
栽培難易度：★ 容易

田んぼや湿地の周辺で見られる小型の苔。明るい緑の葉をY字型に連ねるように繁殖する。水中育成も可能なため、アクアリウムショップなどでは学名のリシアの名前で流通する人気の水生ゴケ。栽培は容易だが、アクアリウムで水中に沈めて育てる場合には、二酸化炭素の添加と明るめの照明が必要。乾燥に弱いため、アクアテラリウム向き。

コケリウムを作る

コケリウムを作ってみよう ①
苔玉の作り方

苔玉とは、用土の周りに苔を貼りつけて植物を栽培するもので、古くから多くの人に楽しまれてきました。

　基本的にはケト土に赤玉土を混ぜたものをよく練りこんで団子状にし、そこに植物を植え込み、周囲に苔を貼りつけます。その他にも水苔を用土代わりに使用したり、炭や石を芯にして、その周りにケト土を貼りつけ苔で覆うなど、様々な作り方があります。

　ここではケト土と赤玉土を用いた苔玉の作り方を解説します。まずはじめに、ケト土と赤玉土を半々に混ぜたものに水を徐々に加えながら練り込み、土団子を作ります。

できあがった土団子を半分に割り、植物を挟むように植え込みます。後はしっかりと土団子を固め、その周りを苔で包み、黒か深緑色の木綿糸でぐるぐる巻きにして苔を固定し、はみ出した苔をハサミで整えてやれば完成です。

　水を張った小皿に乗せ、乾燥しないように霧吹きなどで水を与えて管理します。時々苔玉ごとバケツに張った水の中に漬け込んでやるとよいでしょう。

苔玉の作り方

1 用土を作る
ケト土と赤玉土を半々に混ぜ、粘りが出るまでしっかりと練り込んでいきます

2 用土を丸めて土団子を作る
土団子の大きさは植物とのバランスを考えて決めます

3 植物をはさむ
土団子を割ってそこに植物をはさみ、崩れないようにしっかりとまとめます

4 用土を苔で包む
土団子を苔で隙間がないように包み込みます。今回はハイゴケを使用しています

5 糸を巻く
苔の上から黒の木綿糸で崩れないようにしっかりと巻いていきます

6 形を整えて完成
はみ出した苔をハサミで切り取り、しっかりと形を整えて完成です

苔玉 作品例

**シェフレアを使った
トロピカルな苔玉**

鉢植えで楽しむことが当たり前の観葉植物、シェフレア。苔玉にすることで、お洒落でモダンな姿を楽しむことができます

**シダを用いた
自然色豊かな苔玉**

シダの仲間は苔との相性も抜群。自然観溢れる作品に仕上がりました

シルバーラインがワンポイント

シダの仲間でも葉幅があり、シルバーラインが特徴的なプテリスを用いた苔玉。さわやかな色合いが清涼感を感じさせる作品です

盆栽感覚で苔玉を楽しむ

モミジをあしらい盆栽感覚で作った苔玉。和室など和の空間でも違和感のない作品に仕上げました

コケリウムを作ってみよう ②
岩付き苔を楽しむ

古くから山野草の世界で楽しまれていた技法で、軽石を使った独特の苔ワールドを作ってみました。

1 軽石を用意する
マイナスドライバーなどで軽石に好みの形に穴を開けます

2 穴に日向軽石を入れる
最初に穴の部分に荒めの日向軽石を入れます

3 赤玉土を入れる
日向軽石の上に赤玉土を入れていきます

4 ケト土を練る
苔を貼るためのケト土をよく練っておきます

5 ケト土を貼っていく
赤玉土の上にケト土を貼っていきます

岩付き苔

⑥ ケト土の上に苔を貼りつける
ケト土の上にしっかりと苔を貼りつけます

⑦ 水鉢に岩付けを置く
バランスを考え水鉢に岩付けを設置します

⑧ 水鉢に赤玉土を入れる
岩付けの周りに赤玉土を敷き詰めます

⑨ 土を十分に湿らせる
赤玉土をしっかりと湿らせます

⑩ 土の上に苔を貼っていく
ここではホソバオキナゴケを使用しました

完成 ➡

シダなどを植えつけるとさらに見栄えがよくなります

完成

水鉢で楽しむ苔盆栽

　大きめの水鉢を用いて岩付けの苔を楽しむ苔盆栽。中央には軽石を用いた岩付けを配し、その周りに苔を貼りつけ、山間の風景を演出してみました。

　岩付けの土台に使用したのは加工が容易な軽石（抗火石）です。軽石は石質が柔らかいため、マイナスドライバーや平タガネで簡単に好みの形に加工できます。今回は山の形に削り、苔やシダを植えるための穴を開けました。さらに、穴の底に水が溜まらないように水抜き用の小さな穴を開けます。そのため今回は根腐れ防止剤を使用しないでいます。

　穴には排水をよくするため、荒めの日向軽石を入れ、その上に赤玉土を、最後によく練ったケト土を貼りつけて準備完了。その上に苔を貼りつけていきます。今回使用したのはホソバオキナゴケとタマゴケで、これらの苔は乾燥に強いため、このようなオープンスペースでの使用に

適しています。

　岩付け部分が完成したら、水鉢にバランスを考えながらセットします。位置が決まったら周りに赤玉土を敷き詰め、その上に苔を貼っていきます。このとき隣り合わせた苔の継ぎ目部分は指やスプー

岩付き苔

ンで押さえるようにすると自然な感じに仕上がります。

　最後に、岩に貼りつけた苔の部分にシダやイワヒバを植えつけるとより見栄えがよくなるでしょう。

　置き場所は窓辺など明るい場所。水やりは乾燥しすぎないように朝晩霧吹きで湿り気を与え、週に一度ジョウロなどでしっかりと水やりしますが、与え過ぎは禁物です。水鉢は植木鉢のような水抜きの穴が開いていないので、底に水が溜まりすぎないように注意しましょう。

岩付け苔 作品例

千枚岩をベースにダイナミックに楽しむ

千枚岩にスナゴケとニドゥスを貼りつけた作品。どちらも乾燥に強い種類ですが、水持ちが悪いのでこまめな水やりが必要です

岩付きのクジャクゴケを苔盆栽で楽しむ

水鉢に岩付きのクジャクゴケを据え、周りをスナゴケなどでアレンジした苔盆栽。しっとりとした緑が部屋に潤いを与えてくれます

苔の生えた岩場を再現

溶岩石を組み合わせた石鉢に、マメヅタやノキシノブなどのシダとともに、ホソバオキナゴケを着生させた野性味溢れる作品です

流木を使って
魅力溢れる世界を演出

軽石の石鉢にホーンウッドを中央に据え、その周りにボリューム感のあるヒノキゴケを配することで、魅力溢れる作品に仕上げました

クリプタンツスを用いて
トロピカルな岩付けを楽しむ

千枚岩を組み合わせた土台に、ケト土を使ってホソバオキナゴケとクリプタンツスを貼りつけたトロピカルな作品

コケリウムを作ってみよう ③
テーブルで楽しめるミニコケリウム

テーブルやカウンターなど、身近な場所で手軽に楽しめる
ミニコケリウムを作ってみましょう。

1 根腐れ防止剤を入れる
透明なガラス容器に根腐れ防止剤を入れます

2 日向軽石を入れる
その上に日向軽石を敷き詰めます

3 用土を軽石が隠れるまで入れる
用土の赤玉土を日向軽石が隠れる程度投入

4 流木を配置する
切り株状の流木を中央に設置します

5 さらに用土を入れて湿らせる
周りに用土を追加して湿らせます

6 苔を配置する
苔を配置。今回はスナゴケを使用しました

テーブルでミニコケリウム

　小さな容器に苔を植えて楽しむミニコケリウム。容器は100円ショップやホームセンターで販売されているガラスやアクリル製の小物容器などがおすすめです。その他、食器として販売されているガラス鉢やお皿でも楽しい作品が作れます。
　セットは至って簡単。容器に根腐れ防止剤を入れ、その上に軽石を敷きます。さらに小さい容器の場合にはこの軽石は入れなくてもかまいません。その上に用土を入れ、十分に湿らせてからその上に苔を貼るだけ。
　ちょっと大きめの容器なら流木や石をあしらい、さらにミニ観葉植物を植えてやると見栄えのある作品に仕上がります。
　今回は小さなガラス製の金魚鉢を用いて乾燥に強いスナゴケをメインに、切り株状の流木と小型のタマシダの仲間をあしらってみました。

ミニコケリウム 作品例

◆ 透明プラスチック容器で

**仕切り付きの小物入れで
ユニークな作品に仕上げる**

アクリル製の仕切り付き容器で、ホソバオキナゴケとミヤマウズラをあしらった作品。あえて同じ種類で統一感を演出しています

どこでもアレンジ可能なミニコケリウム

コンパクトな容器を使用しているので置き場所を選びません。使用したのはアケボノシュスランとホソバオキナゴケ

いずれは美しい花を……

株の大きさに比べ大きな花を咲かせるベニシュスラン。苔と一緒に育てながらいずれは花も楽しむ。そんな夢溢れる作品です

ガラス容器で

ガラス容器で
ジュエルオーキッドを楽しむ
コケリウム

葉の美しさを楽しむジュエルオーキッド。ガラス容器にハイゴケを敷き詰め、ホンコンシュスランを植えてみました

ジュエルオーキッドで小さな宝石箱を楽しむ

容器からはみ出すように美しい葉を広げるアネクトキルス・ロクスバーギアイ。その魅力を演出するのはハイゴケの鮮やかな緑

組み合わせて楽しむ

写真はグッディエラ・プッシーラ。コンパクトなサイズなので、他の作品と組み合わせると楽しさも倍増することでしょう

丸形水槽でお洒落空間を演出

スナゴケと可愛らしい葉を連ねるフィカス・プミラ。容器からはみ出すように育てることで、お洒落な空間を演出してくれます

丸形ガラス容器で

球形のガラス容器でオオカサゴケを楽しむ

高さのある球形容器にシノブゴケの仲間を山型に植え込み、その中央にオオカサゴケを配したマニアックなコケリウム

ヒノキゴケを用いた華やかコケリウム

ポイントは容器に合わせて丸くなるように植え込むこと。まるで花が咲いたような美しい姿で楽しませてくれます

蓋付きボトルで

**乾燥した場所でも OK。
湿度管理が容易なボトルコケリウム**

蓋付きのボトルは湿度が保ちやすいので管理も容易。ちょっと大きめサイズにタマゴケとコウヤノマンネングサをアレンジ

**シンプルに単一種で楽しむ
ボトルコケリウム**

オオシッポゴケのみをボトルに植え込んだシンプルコケリウム。セットしてから2ヵ月近く水やりなしで良好に育っています

背の高いボトルは丈のある苔がベストマッチ

背の高い容器では上の空間が寂しくなりがち。そんなときには背の高いコウヤノマンネングサがおすすめ。ベースはホソバオキナゴケ

コケリウムを作ってみよう ④
小型水槽で楽しむコケリウム ①

独特の根が面白いガジュマルとホソバオキナゴケを用いて、
小型水槽でコケリウムを作ってみましょう。

　アクアリウムショップではメダカやベタなどを飼育するための小型の水槽が販売されています。ここではメダカ用の小型水槽を用いて、根の形状が面白いガジュマルをメインに据えたコケリウムを作りました。
　基本的な作業はミニコケリウムと同様。今回はホソバオキナゴケを使用しました。ガジュマルは配置する前に、若干根に土が残る程度に根の周りの土をあらかじめ取り除いておきます。それを十分に湿らせた用土の上に置き、その上から地中部分の根が隠れる程度に用土を足します。このとき地上部分の太い根が隠れない程度に用土を入れるのがポイント。足した用土も十分に湿らせて苔を配置すれば完成です。

小型水槽コケリウム ①

1 根腐れ防止剤、日向軽石を入れる
ここまでの作業はミニコケリウムと同様

2 赤玉土を入れる
中央が盛り上がるように赤玉土を入れます

3 用土を湿らせる
用土（赤玉土）をしっかり湿らせます

4 ガジュマルを配置
土を落としたガジュマルを配置

5 用土を追加して湿らせる
赤玉土をさらに追加して湿らせます

6 苔を貼りつける
ホソバオキナゴケを敷き詰め完了

コケリウムを作ってみよう ⑤
小型水槽で楽しむコケリウム ②

30cmの小型水槽でイモリ飼育を楽しむためのダイナミックな
苔空間を演出してみましょう。

　30cmの小型水槽でシリケンイモリを楽しむためのコケリウムを作成しました。
　ベースとなるのは溶岩石。水槽に小型の水中フィルターをセットし、その上に溶岩石を積み上げます。溶岩石の隙間には水苔を詰め、そこに苔を貼りつけます。今回使用した苔はタマゴケ、ハイゴケなどを中心に数種類。苔以外ではカタヒバ、ウチワゴケなどシダの仲間も数種類用いて自然な感じに仕上げています。
　この水槽の中には小型のシリケンイモリが3匹入っています。週に一度、1/3程度をコップで水換えしています。1～2ヵ月はフィルターの掃除もしなくても大丈夫です。フィルターを掃除する際には岩組みを崩す必要があるので、そのときには大掃除をかねて新たなレイアウトを楽しみましょう。

① 水槽にフィルターをセット
小型の水中フィルターを寝かせてセット

② 溶岩石で土台を作る
溶岩石を組み上げて土台を作ります

小型水槽コケリウム ②

③ **隙間に水苔を詰めて苔を貼る**
石の隙間に水苔を詰め、苔を貼ります

④ **シダを植えつけセット完了**
底砂を入れ、シダを植えつけて完了です

コケリウムを作ってみよう

45cm 水槽で楽しむコケリウム

高原の風景をイメージし、ホソバオキナゴケと黒い川石を用いたシンプルなコケリウムを作ってみましょう。

① 水槽を設置する
今回は正面だけクリアでそれ以外がスモークガラスになった45cm水槽を使用

② 根腐れ防止剤を入れる
量は大さじで3杯程度。これを入れることで底に水が溜まっても根腐れを防止することができます。水が溜まりやすい環境には必需品です

③ 日向軽石を入れる
次に日向軽石の大粒を敷き詰めます。このとき立体感を出すため後ろを高く、手前は薄く敷くのがポイント

④ 石をレイアウトしていく
最初にメインとなる一番大きな石を配置。今回は川原で拾ってきた黒い川石を使用しました。ぐらぐらしないようにしっかりと埋め込みます

45cm 水槽でコケリウム

5 石組み完了
次に小さめの石を配置。このとき風景写真などを参考にすると上手くいきます

6 混合用土を入れる
今回はヤシガラチップと赤玉土を5対1で配合したものを使用しました

7 用土を湿らせる
用土をしっかり湿らせます。このとき水が溜まりすぎないように注意しましょう

8 苔を配置していく
ホソバオキナゴケから配置します。隙間ができないように配置するのがポイント

9 苔植え完了
苔を敷き詰めた状態。苔と苔の接地面は指やスプーンで押し込むようにすると自然な感じに仕上がります

完 成

ホソバオキナゴケの絨毯が生み出す景観

　鮮緑色が特徴のホソバオキナゴケと、黒色の川石を用いて高原の草原地帯をイメージした景観を作ってみました。

　石、苔ともに同じ素材のものをメインに用いることで統一感を演出。大きな石を2ヵ所に分けて配置し、その周りにはシダの仲間であるトウゲシバやヒロハヒノキゴケを配しています。また、大きな石の近くに小石を置くことで、より自然な感じに仕上げています。

　今回は45cmの規格水槽を使用。メインのホソバオキナゴケは常に湿っているような環境を嫌うため、水槽の底に根腐れ防止剤を入れ、荒めの軽石を厚めに敷いておくのがポイントです。そうすることで、用土が過湿になるのを防ぐことができます。使用した石は、川原で拾ってきた黒い川石です。軽石の上にヤシガラチップと赤玉土の混合用土を敷き、その上に苔を配置しました。

　レイアウトのコツは、ホソバオキナゴケを隙間なくきっちりと並べ、苔同士の接合部や水槽に接した面をスプーンや指などで押しこむようにすること。こうすることで自然な感じに仕上げることができます。また、アクセントとして植えるトウゲシバやヒロハヒノキゴケは、石の周りにブロックごとにかためて配置するのもポイントです。

　管理としては、乾燥の具合を見ながら朝晩に霧吹きで湿度を与え、1～2週間に一度、軽石が乾いてきたら底に水が溜まらない程度にジョウロなどでしっかりと水を与えるだけ。特に肥料などは必要ありません。これだけで長期間にわたり美しい景観を楽しませてくれます。

45cm水槽でコケリウム

使用した苔

ヒロハヒノキゴケ

ホソバオキナゴケ

①前ページから半年後
半年が経過してそろそろ飽きてくる頃。管理もおろそかになり、ところどころ枯れた部分が……

番外編
コケリウムを作ってみよう ⑥

リメイクしてみる

　前ページのホソバオキナゴケを使ったコケリウム。半年が経過して、枯れた箇所も目立ってきて新鮮さがなくなってきました。そんなときは思い切ってリメイクしてみましょう。
　基本的なベースは変えずに枯れた部分の苔を取り除き、新たな苔を追加します。今回使用したのはこんもりと背の高いシッポゴケ、カモジゴケ、タマゴケの3種。枯れている部分を中心に背後の苔を取り除き、その部分に新たな苔を追加しました。これだけの簡単な作業で、今までとは趣が異なる鮮やかな緑の空間ができあがります。

②思い切ってリメイクしてみる
とりあえず枯れが目立つ部分を取り除きます

③枯れた苔の周囲も取り除く
水槽背面の部分を半分ほど取り除いてみました。用土等は傷んでいないのでそのまま使用

45cm 水槽でコケリウム

リメイク完了！

④シッポゴケを配置
こんもりと背が高いシッポゴケを配置して、レイアウトの高さを出してみました

⑤タマゴケやカモジゴケを配置
中央部分にはタマゴケやカモジゴケを配置することで印象が大きく変わります

60cm 水槽コケリウム 作品例

風景を描くようにコケリウムを演出

あまり多くの種類を用いずシンプルに仕上げたコケリウム。
風景画のように見ていて飽きの来ない作品に仕上がりました

シンプルに仕上げるためにベースに用いているのはハイゴケとタマゴケのみ。中央には軽石を置き、赤玉土を背面に向かって高くなるように敷き詰め立体感を演出しています。ポイント的にコウヤノマンネングサ（写真中段2点）とシダの仲間を植えてみました

小さなエビと楽しむトロピカルなコケリウム

数多くの苔とジュエルオーキッド、ベゴニアなどトロピカルな植物も
盛りだくさんにレイアウトし、賑やかな空間を演出してみました

苔はシノブゴケの仲間、イトゴケ、ヒノキゴケ、シッポゴケ、ウキゴケ（水中部分）など多くの種類を用い、ジュエルオーキッドとベゴニアが緑の苔に彩りを与えています。さらに、水中を彩るのは赤と白が鮮やかなレッドビーシュリンプです。水際に垂れるように並ぶシダの仲間のホラゴケがトロピカルムードを盛り上げます

コケリウムを作ってみよう ⑦

小さな滝を作る清流コケリウム

ちょっと大きめの水槽を用いて、山間の清流をイメージした厳かな空間を演出してみます。

1　ベースを作る
全て岩でベースを作ると水槽に負担がかかるため、発泡ブロックとプラスチックかごを使用して土台を作ります

2　ミスト発生装置の設置場所
水の落とし口にプラスチックケースを設置し、ここにミスト発生装置を入れます。今回は水中に入れるタイプの小型装置を使用しました

3　発泡ブロックはシリコンで固定
発泡レンガや発泡ブロックは有機溶剤に弱いので、接着にはシリコンを使用します

4　小さな滝を作る①
プラスチックケースを熱で折り曲げ、滝の落とし口を作ります

5　小さな滝を作る②
発泡レンガを階段状に積み上げてシリコンで接着し、滝のベースを作成。そこに千枚岩をシリコンで貼りつけます

清流コケリウム

⑥ 石を配置していく
大きめの石は接着せずにそのまま配置。石の下には薄い発泡板を敷いています

⑦ 岩組み完了
土台が見えないように細かい部分の岩組みを仕上げ、底砂を入れます

⑧ 水を流してみる
一度水を流して、滝とミスト発生装置がイメージ通りか確認します

⑨ ウールと水苔を隙間に詰める
岩の隙間にウールを詰め、その上に水苔を敷き詰めます

⑩ 苔を配置
水苔の上に苔を配置していきます。隙間ができないようにしっかりと押さえましょう

完成 ➡

完成

清流と苔が生み出す厳かな景観

　青緑色の千枚岩をベースに清流をイメージしたコケリウム。中央部分に滝を作り、その上部からは霧が流れるように広がる、厳かな空間を作ってみました。

　水槽のサイズは幅90cm、奥行き45cm、高さ50cm。千枚岩は石模様の方向を縦方向に揃えることで一体感を演出しています。全てを岩でレイアウトすると水槽に負荷がかかりすぎるため、土台はプラスチックかごと発泡スチロール性のブロックを使用しました。水を流すため、浮力が強い発泡ブロックが浮いてレイアウトを壊さないように、水に浸かる部分にプラスチックかごを裏返して置いてあります。そこに千枚岩を配置。小さな千枚岩もシリコンで接着して清流の岩肌を表現しています。岩の隙間にウールと水苔を詰めてから苔を配置。さらに雰囲気を出すためにヒメイワタバコを滝の両側に植えてみました。

使用した苔と植物

ヒメイワタバコ	ヒノキゴケ	オオバチョウチンゴケ

清流コケリウム

トヤマシノブゴケ

ホソバオキナゴケ

ホソバミズゼニゴケ

90cm 水槽コケリウム 作品例

時間をかけて完成した姿に

前ページで制作した作品の半年後の姿。新たにシダや苔を追加しましたが、ほとんどの苔が順調に育ち美しい姿を保っています

半年経過して苔も自然な感じに仕上がっています。水槽上部にレイアウトされたホソバオキナゴケやイワヒバ（写真4）も鮮やかな緑色を保ち成長を続けています。新たに追加したマルフサゴケ（写真1）と苔についてきて勢力を広げるチドメグサ（写真2）。岩場に着生したカマサワゴケも無性芽によって繁殖しています（写真3）

コケリウムを作ってみよう ⑧
巨大パルダリウムに挑戦

岡山理科大学専門学校で、幅3m 高さ2m50cmの巨大なパルダリウムを作成してみました。

① ベースを作る
発泡スチロールで土台を作成します

② 土台はシリコンで接着
土台の発泡スチロールはシリコンでケージに接着します

③ 土台へ麻布を接着
用土を貼りつけやすいように、麻布をシリコンで土台全体に接着していきます

④ 起伏を作る
ケージ背面の壁に植物を植え込むための起伏を発泡スチロールで作り、シリコンで接着します

⑤ ケージ背面にも麻布を接着
土台と同様に、麻布をケージ背面にも貼りつけていきます

⑥ 土台の下に水槽を設置
右下手前部分には水槽をセット。内部は全て防水加工してあり、水やりなどで溜まった水分はこの水槽に流れるようになっています

巨大パルダリウム

7 用土を貼りつける
麻布全体にピート、赤玉土、ケト土をよく練り込んだ用土を貼りつけていきます

8 苔を貼りつける
用土の次は苔を貼りつけます。水で溶いた用土を苔に染み込ませておくのがポイント

9 植栽しながら微調整
細かな調整をしながらメインの植物を植え込んでいきます

10 繊細な植物は最後に
ジュエルオーキッドなどの繊細な植物は最後に植え込みます

11 照明を設置
最後にケージの上部にLEDの照明をセットしてレイアウト完了

完成

完成

多彩な植物と苔が作り出す究極のコケリウム

　学校のエントランスに設置した幅3m、高さ2m50cm、奥行き1mの巨大なパルダリウム。様々な熱帯植物を植え込んだ迫力のあるトロピカル空間。見る者に安らぎを与えてくれます。

　ケージは10cmの角材を用いて枠を作り、防水のため塩ビ板を内面に貼りつけています。レイアウトの土台と壁面は発泡スチロールで作成し、全体に麻布を張ります。その上に用土をしっかりと塗りつけ、一度乾燥。こうすることで垂直面であってもしっかりと固定することができます。その後シャワーホースで十分に湿らせ、苔を貼りつけていきます。この時、苔の裏面にも用土を水で溶いてドロドロにしたものを塗り込むようにするのがポイント。こうすることで土がしっかりとはがれないようになります。後は植物を植え込み、照明をセットして完成です。

使用した苔

タマゴケ	トヤマシノブゴケ	ハイゴケ

巨大パルダリウム

ホソバオキナゴケ　　ホソバミズゼニゴケ　　オオバチョウチンゴケ

巨大パルダリウム

ケージの中に熱帯雨林のような環境を再現する「パルダリウム」。まさに自然の姿を切り取ってきたような美しい景観です。3mという大きな空間ならではの野性味溢れる姿を楽しむことができます。苔や植物は環境に合わせて配置していますが、合わないものは何度か入れ替えて少しずつ完成させていきます

上段左）アネクトキルス・アルボリネアートゥス　中央）デンドロビウム・カスバートソニィ　右）シュスラン
下段左）ウツボカズラの仲間　中央）デオニア　右）モウセンゴケの仲間

コケリウムを楽しむ

苔の入手

苔は様々な方法で入手できます。
自分にあった方法を探してみましょう。

イベント

近年は熱帯魚や植物関係のイベントが各地で行なわれています。このような会場では苔を取り扱ったブースも多く見かけるようになってきました。苔の販売だけではなく、苔を使った作品も展示販売されています。また苔の扱い方やレイアウトについても丁寧に教えてくれることも多いので、色々と相談しながら選べて初心者にもおすすめです。

通信販売

インターネットで苔の通信販売を行なっているショップも数多くあります。「苔 販売」と検索すれば、数多くのショップがヒットします。その中から自分の好みにあった苔を選んで入手しましょう。

注文から到着までは通常1～3日かかりますが、この程度であればよほどのことがない限り苔が痛んで到着することはありません。

郵送の場合

郵便ではゆうパックや第4種郵便で送られてくるのが一般的。第4種は料金は安いですが到着まで日時がかかります

宅急便の場合

宅急便（ヤマト運輸など）では料金は多少割高になりますが、到着までの日時が短く、追跡サービスを利用できるのも利点です

苔の採集

森林だけでなく住宅街など、どこにでも苔は生えています。身近な苔を探しに行ってみましょう。

採集方法

苔を入手するもう一つの方法は採集です。採集の大きな利点は、苔の生えている環境を実際に見られるということ。苔が生えている場所を観察することは、湿度や日照など栽培する上で大きなヒントを与えてくれます。苔が多く見られるのは渓流や谷沿いの杉林や林道脇です。ただし、国立公園や名勝地などでは採集が禁止されているので要注意。また、私有地に無断で立ち入るのも禁物です。モラルを守って乱獲を避け、必要最低限の苔を採集するようにしましょう。

マット状の苔

地面にマット状に広がるトヤマシノブゴケ

手で挟み込み、崩さないようにゆっくりと持ち上げます

土に生えた苔

スクレーパーを2cmほど土に差し込みます

崩れないように土ごと持ち上げます

小型の苔

倒木に付いたホソバオキナゴケ

指で軽く挟んでスライドすればOK

輸送方法

　採集した苔を輸送するのに必要なグッズは、苔を収容するタッパーやチャック付きのビニール袋、それらを入れる保冷バッグです。保冷バッグは、夏場など温度が上がって蒸れやすい季節には必需品です。気温が高いときは、冷凍のペットボトル入り飲料を保冷剤代わりに利用するとよいでしょう。また、輸送する際には苔が蒸れる恐れがあるため、特に水を与える必要はありません。

小型タッパー

チャック付きのビニール袋

保冷バッグ

梱包の手順

❶ 苔が動かないように入れるのがポイント

❷ 先にタッパーを保冷バッグに入れます

❸ 袋に入れるときにも向きをそろえて

❹ 袋は潰れないよう最後に入れます

Column

危険な生物に注意

　苔を採集する際には危険生物に注意しましょう。特に夏場はマムシやスズメバチ、ムカデ、毛虫などに出会う可能性が高いです。いずれも近づかなければそれほど問題はありませんが、スズメバチは巣が近くにあると集団で襲ってくることもあるため、巣の近くには決して近づかないようにしましょう。

　単独で木の幹などに止まっているハチに出会った場合は、慌てずにゆっくりとその場から離れます。飛んでいる場合にはその場で動かず、ゆっくりとしゃがんでハチがいなくなるのを待つのが安全です。集団で見かけた場合は、ハチを刺激しないようにゆっくりとその場を離れます。ハチは黒っぽい服を着ていると襲われやすいので、明るい色彩の服を着た方が安全です。

　ムカデや毛虫に刺された場合は市販の塗り薬でも対応できますが、スズメバチやマムシに嚙まれた場合には速やかに病院で手当を受ける必要があります。

　その他では、クマやイノシシといった動物に出会う可能性もあります。クマは事前にこちらの存在を示してやれば襲われることは少ないので、携帯ラジオやクマよけの鈴を携行するなどして対策します。イノシシも同様ですが、出会う確率はクマよりも遥かに高いので、見通しの悪い場所に近づかないなど、不意に出会うことがないように注意しましょう。

トリートメント

　採集した苔には枯れ葉などのゴミや様々な生物が紛れ込んでいることがあります。そこで必要となるのがトリートメントです。用意するのは100円ショップなどで売られている目の大きな平カゴと、それが入るサイズのコンテナボックスなど水が溜められる容器。まずはカゴに採集した苔を並べ、大きなゴミを丁寧に取り除き、シャワーヘッドをつけた水道ホースで細かいゴミを洗い流します。その後、水を溜めた容器にカゴごと30分沈めることで、ほとんどの虫を取り除くことができます。

1 苔をザルに並べ、手でゴミを取り除きます

2 シャワーで水をかけ、細かなゴミを流します

3 土付きゴケの場合も同様に並べ、ゴミを取り除きます

4 シャワーは弱めにして　土を残すように

5 水を溜めた容器の中に30分間浸します

6 十分に水を切ってトリートメント完了

苔の入手と採集

ストック

採集した苔はいきなり使用するのではなく、コンテナボックスなど蓋が閉まる容器である程度順応させてから用いる方が安心です。こうすることで環境に合わない苔は淘汰されます。また、採集した苔が新芽を伸ばし、より美しい姿を楽しめるようになります。

やり方はコンテナボックスに日向軽石や赤玉土などを3cmほど敷きつめ、十分に水で湿らせてからその上に苔を並べるだけ。後は明るい日陰などに置いて時折霧吹きなどで湿り気を与えて管理します。

容器に日向軽石を3cmほど敷き詰めます

底に水が溜まらない程度に土を湿らせます

完全に土の中まで湿れば準備完了

苔を詰め込みすぎない程度に並べます

蓋をして2～3週間管理します

2週間も経つと新芽が伸びてきます

日常のメンテナンス

完成したコケリウム。美しく保つためには置く場所の選定や水やり、枯れた苔のトリミング、植え替えなど、日常の管理が重要です。

コケリウムの置き場所

明るい窓辺
置き場所で適しているのは明るい窓辺。ただし夏場など温度が上がりすぎないように注意が必要です。

浴室の出窓
浴室の出窓は他の場所と比べ、明るすぎず湿度も高いことが多いので、おすすめの置き場所です。

日の入らない屋内のカウンター
暗い場所で楽しむ際には照明を設置しましょう。小さな作品にはアクアリウム用のミニスタンドがおすすめ。

水槽の置き場所
照明をセットした水槽の場合、温度上昇を防ぐため、直射日光を避ければ特に場所を選びません。

日常のメンテナンス

水やり

基本は霧吹きで

メンテナンスで最も重要なのが水やりです。基本的に日常の水やりは朝晩の2回、乾燥具合を見ながら霧吹きで行ないます。与え方は、苔の中までしっかりと水が入るように、用土の表面がしっとりと濡れるまで与えましょう。

直接水を入れる場合は、しっかりと水切りする

週に一度は容器から水が溢れるまでたっぷりと水を与えましょう。水を与えた後は、手のひらで苔を押さえながら、容器を傾けてしっかり水切りをします。

たまには水に浸けてあげよう

苔玉や岩付けの小さな作品は週に一度、洗面器などに水を張った中に5～10分程度浸け込みます。こうすることで中までしっかりと水を与えることができます。

> トリミングと掃除

トリミング

苔を栽培していると、部分的に枯れることも少なくありません。このような場合にはハサミを用いて枯れた部分をトリミングします。ハサミは状況に応じて大小2本あると便利です。枯れていない部分を傷つけないように、枯れた葉を切り取ります。先端部分だけ枯れている場合には、ハサミを寝かせて表面を切り取るようにすると上手くいきます。

掃除［小型容器の場合］

水やりの際に容器の内側に水滴がついたままにすると、ほこりが付着して汚れてしまいます。このようなことを防ぐため、水やりの後は水滴を拭き取るようにしましょう。その際ティッシュやトイレットペーパーを利用すると糸くずや紙くずが表面に残りやすいので、繊維がしっかりしていて吸水性もよいキッチンペーパーがおすすめです。

掃除［水槽の場合］

小型容器同様、水槽でも水やりの後にガラス面に水滴が残ってしまいます。同じようにキッチンペーパーを使用してもいいのですが、大きめの水槽ではブレードにゴムを取り付けた窓ガラス用スクレーパーが便利です。スクレーパーで表面の水滴を取り除いた後に、残った水分をキッチンペーパーで拭き取るようにします。

日常のメンテナンス

苔の入れ替え

　何種類かの苔を長い間栽培していると、環境に合わず枯れてしまう苔が出てくることがあります。部分的に枯れてしまった場合はトリミングによって取り除けば問題ありませんが、全体的に枯れてしまった場合にはその苔全体を入れ替えましょう。

写真①
環境に合わず茶色く枯れてしまったヒロハヒノキゴケ。この部分を取り外して新しい苔に植え替えます。

▼

写真②
枯れた苔を取り除きます。写真では水苔の上にヒロハヒノキゴケを貼りつけていたため、全体をつかむような感じでゆっくり引っ張るだけで簡単に外すことができます。もしケト土などでしっかりと貼りつけている場合は、ヘラなどを用いて土ごと取り除きましょう。

▼

写真③
枯れた苔が残らないようきれいに取り除きます。ケト土を使用していて土ごと取り除いた場合には、その部分によく練ったケト土を新たに貼りつけます。

▼

写真④
新たな苔を植えつけます。今回はヒノキゴケを使用。水苔がベースの場合はそのまま根元を押しつけるようにしっかりと植えます。ケト土ベースの場合には苔の裏面にも緩めに練ったケト土を塗ってからしっかりと貼りつけ、植え替え完了です。

　苔が枯れてしまった場合だけでなく、苔が伸びすぎてしまった時や、レイアウトに変化をつけたい時など、定期的に違う種類の苔と入れ替えると、また違った景観を楽しむことができます。

コケリウムグッズ

ここではコケリウムを楽しむために必要なグッズを紹介していきます。

容器

コケリウムは大型の水槽から小物入れなど様々なサイズで楽しめます。中でもおすすめなのが、アクリルやガラス製の透明な容器。湿度を好む苔には、乾物などを入れる蓋付きの容器がよいでしょう。

丸形ガラス容器

園芸用やメダカなど小さな魚を飼育するために販売されています。深さやサイズも豊富なため、好みに合わせて選べます

アクリル容器

小物を整理するために売られている容器です。100円ショップでも入手可能。小さい物が多いので、いくつか組み合わせて楽しむのもよいでしょう

蓋付きガラス容器

スパイスや乾物などを保存するための容器です。密閉性が高いので、乾燥を嫌う苔に最適です。水やりをほとんどしなくても管理できます

角形ガラス容器

園芸用に販売されているもので、様々なサイズが売られています。アクリル容器のようにサイズ違いを組み合わせてもよいでしょう

水槽

ガラス製とアクリル製があり、大きさは様々。アクアテラリウムや迫力のあるコケリウムを楽しむのに適しています

コケリウムグッズ

用土

苔玉ではケト土と赤玉土を混ぜたものを、コケリウムではヤシガラチップや水苔をメインに使用します。水を用いないコケリウムでは底土に日向軽石を敷いて、底に溜まった水が直接用土に触れないようにしましょう。

ケト土
繊維質を含む用土で、よく練って苔玉や岩付けに使用します。単用でもかまいませんが、赤玉土と混ぜて使うこともあります

水苔（みずごけ）
アクアテラリウムなどを岩組みでレイアウトした際に隙間に充填して使用する他、苔玉の用土として利用されることもあります

ヤシガラチップ
ヤシガラを砕いた用土で、発酵させたものもあります。ヒロハヒノキゴケ、ホソバオキナゴケなど倒木上に生育する苔に向いています

赤玉土
安価で使い勝手のよい用土です。ケト土と混ぜて苔玉に使用したり、スナゴケやスギゴケの仲間など、土の上に生える苔に向いています

日向軽石
根元が湿り過ぎになるのを防ぐために用います。底に溜まった水が直接用土に触れないように、容器の下土として使用します

流木

流木はコケリウムをより自然に演出してくれるアイテムです。様々な形状のものがショップで販売されています。川や海岸などでも拾えますが、種類によっては植物や生物に有害な場合があるため、購入したほうが安全です。

切り株状流木
他の流木と比べ高価ですが、周囲に苔を配したり、隙間に苔や植物を配すると見応えのある作品が作れます

ブランチウッド
細長い枝状の流木で、サイズもいろいろ販売されています。小さいものを選んで小物作品にアレンジを加えるのもよいでしょう

マングローブ流木
複雑で面白い形状のものが多く、オブジェとして最適な素材です。流木をメインとして周囲に苔を配すれば、お部屋の素敵なインテリアになるでしょう

ホーンウッド（細タイプ）
角状の突起を持つ流木で、他の流木と比べ赤みが少ないのも特徴。流木の隙間に苔を配置すると、レベルの高い作品に仕上がります

ブランチウッド（塊状）
細長い形状が多いブランチウッドですが、中には塊状になったものもあります。形のよいものを選んで流木メインのコケリウムを楽しみましょう

塊状流木
古くからアクアリウム用として入荷していた流木で、様々な形状があります。写真のようなタイプは、流木の上に苔を貼りつけて楽しむのがよいでしょう

ホーンウッド（太タイプ）
ホーンウッドの細かな枝が少ないタイプです。シンプルな形状が多いですが、どっしりとした安定感のある作品作りに適しています

石・岩

岩付けや、大きめのコケリウムの土台として、また小作品のオブジェとして利用されます。様々な種類がアクアリウムショップなどで販売されていますので、作品のイメージにあったものを選びましょう。

火焔石
形や色彩が炎のように見える石です。オブジェとして用いると、緑の苔に対して赤の色彩が映え、美しい作品に仕上がります

清流石
清流に磨かれた美しい岩肌を持つ石です。単独でオブジェとして用いたり、組み合わせて清流をイメージした作品作りに用います

千枚岩
板状に剥離する石です。大きめの石は植木鉢代わりにして直接苔を貼りつけたり、縦に組み合わせて断崖をイメージした作品に用います

溶岩石
表面が非常にごつごつした石で、岩付けやコケリウムの土台として適しています。小さな石を接着した石鉢も売られています

軽石
石質が柔らかく、マイナスドライバーや平タガネなどで簡単に加工できるため、石鉢や岩付けの材料としてよく用いられます

黒川石
川原で拾える石も石組みレイアウトで使用できます。石を拾う場合には下流よりも中・上流域の方がいい石が見つかります

お役立ちグッズ

容器や石、流木、用土以外にもコケリウムの制作に必要なグッズは数多くあります。ここでは実際にコケリウムの制作で使用したグッズや、日常のメンテナンスに必要なお役立ちアイテムをピックアップして解説していきます。

シリコン
発泡レンガの接着や、溶岩石を組み合わせて石鉢を作る際に使用します。ホームセンターで入手可能です

シリコンガン
シリコンを使用する際に必要なアイテム。両方合わせてもホームセンターで1000円以内で購入できます

根腐れ防止剤
容器の底に敷いて、溜まった水が腐るのを防いでくれるアイテム。この他にゼオライトが使用されることもあります

発泡ブロック
大型水槽でレイアウトする際に土台として使用した発泡スチロール製のブロック。レンガタイプもあります

麻布
用土を貼りつけやすくするため、滑りやすい発泡レンガの表面に、シリコンなどで接着して使用します

コケリウムグッズ

照明
暗い場所でコケリウムを楽しむために使用します。小型作品には写真のようなスポットタイプが向いています

ミスト発生装置
霧を発生させる装置です。銀色の丸い部分の上に水が2〜3cmの深さになるように水中にセットします

水中フィルター
水槽で水を入れたアクアテラリウムを楽しむときに使います。水深が浅い場合には寝かせてセットするとよいでしょう

霧吹き
水やりには霧吹きを使用します。様々なタイプが売られているので、好みに合わせて選びましょう

スプーン
小さな容器に用土を入れたり、苔の周囲を押さえてなじませるのに用います。柄の長いものが扱いやすくおすすめです

ハサミ
枯れた苔の葉をトリミングするのに使用します。錆びに強いステンレス製のものがおすすめです

砂入れ
赤玉土などの用土を容器に敷く際に用います。写真のようなプラスチック製の他にステンレス製のものもあります

ピンセット
ゴミを取り除いたり小さな苔を植えるのに便利です。ヘラ付きの園芸用（写真上）も売られています

| コケリウムグッズ

キッチンペーパー
水やり時に付着した水滴を拭き取ったり、容器を拭く際に使用します。糸くずが出にくいので便利です

スクレーパー
水槽内の水滴を取ったり、掃除する際にあると便利です。ガラス掃除用の小型のものがおすすめです

熱帯魚用ネット
アクアテラリウムで水中のゴミを掬ったり、中の生物を移動するのに使います。大小2本あると便利です

コケ取り
水槽の汚れとコケ取りに使用します。アタッチメントを変えて砂掃除に使えるものも販売されています

苔と相性のよい植物

生息環境が苔と似ていて、一緒に栽培しやすい植物たちを紹介します。

ジュエルオーキッドの仲間

ジュエルオーキッドは、花ではなく葉の美しさを楽しむ蘭の仲間です。苔との相性が抜群によい植物で、園芸ショップやネット通販、最近では熱帯植物を扱っているアクアリウムショップで販売されています。

アネクトキルス・ロクスバーギアイ
多くのバリエーションが知られている人気種です。栽培は難しくありませんが、湿り過ぎには注意が必要です

アネクトキルス・アルボリネアートゥス
比較的丈夫な種類で、様々なバリエーションが知られています。写真は中央の主脈が幅広いバリエガータと呼ばれるタイプ

グッディエラ・ロストゥレータ
プッシーラに似た種類ですが、本種の方がより大型。気品のある美しさから人気も高いです。栽培はやや容易

グッディエラ・プッシーラ
細長い葉を持つ美しい種類。入荷するのはワイルド個体が多いですが、いったん落ち着いてしまえば栽培は難しくありません

苔と相性のよい植物

ドッシニア・マルモラータ
丸みを帯びた葉に細かなネットワーク模様を持つ美しい種。大きく育つと迫力があります。乾燥には強いですが多湿は禁物

シストーティス・バリエガータ
独特な雰囲気が人気で、グリーンやパープルなどのバリエーションも豊富。高温多湿を好み、低温や乾燥を嫌います

ベニシュスラン
日本に自生する人気の小型種。小さな姿に似合わない大きな花をつけるため、古くから栽培されてきました。栽培も容易です

マコデス・ペトラ
園芸ショップでも見かけることの多いポピュラー種。煌めくようなラメが入る葉が美しく、丈夫で栽培も容易な入門種的な存在です

ルディシア・ディスカラー
ジュエルオーキッドの仲間の中でも特に大型になる種。ホンコンシュスランの名で古くから観葉植物として親しまれてきた強健種です

ミヤマウズラ
その名の通り鶉（うずら）模様を持つ日本産ジュエルオーキッド。斑入りのものは錦蘭（にしきらん）と呼ばれ、江戸時代から栽培されていました。栽培は容易

シダの仲間

シダの仲間は種類も多く、苔玉や岩付け、コケリウムなど様々な場面で用いることができます。観葉植物や山野草として販売されている他、苔採集の際に入手できるのも魅力の一つです。

ニドゥス・プリカツム
美しいウエーブの入った葉を持つタニワタリの仲間。園芸ショップなどで販売されています。乾燥にも強いので岩付けにも向いています

タマシダの仲間
古くから親しまれている観葉植物の仲間。改良品種も多く、コケリウムや苔玉にはコンパクトなサイズのものが適しています

プテリス・クレティカ
日本にも本州中部以西に自生している和名オオバノイノモトソウの園芸品種。葉の中央に入るホワイトラインが特徴で、栽培も容易です

カタヒバ
渓流沿いの岩場に着生する種。この仲間はセラギネラの名前で水草として販売されていることもあり、多湿に強くコケリウム向きです

ウチワゴケ
小さな団扇のような葉を連ねる可愛らしいシダの仲間。渓流沿いの岩場に着生しており、カタヒバ同様湿度の高いコケリウム向き

苔と相性のよい植物

イワヒバ

乾燥に非常に強いシダの仲間で、古典園芸植物として多くの改良品種が知られています。コケリウムや岩付けに向いています

クラマゴケ

苔と同じような環境で見られる小型のシダ。マット状に生育するため、グランドカバー的に用いるのに適しています

アツイタ

へら状の艶のある葉を伸ばす着生種。滝や渓流近くの岩上や木の幹で見られます。苔を用いたパルダリウムやアクアテラリウム向き

トウゲシバ

有茎の水草を思わせる小型のシダの仲間。杉林の中で見られます。レイアウトのワンポイントに用いるのに適しています

コケシノブの仲間

この仲間も種類が多く人気があります。マット状に広がる種類が多く、水槽バックの壁面に配置するのに適しています

ベゴニアの仲間

園芸品種として数多くの種類が栽培されていますが、コケリウムなどで用いられるのは主に葉を鑑賞するタイプの小型種です。ワイルドの株も入荷しており、この種だけを集めるマニアも多い、人気のアイテムです。

ベゴニアの仲間（インドネシア産）

ピンク色がかった葉に白い模様が入る美しい種。コケリウムの彩りに最適です。乾燥に弱いので湿度の保てる環境が適しています

ベゴニア・ダースベーデリアナ

成長すると白覆輪（ふくりん）の葉は黒みがかり、角度によってはブルーに見える美しい人気種。最近では増殖株が入手しやすくなりました

ベゴニアの仲間

全体的にピンクがかった白銀色の葉を持つ美しい小型種。乾燥には弱く、密閉した容器やアクアテラリウムが適しています

ベゴニアの仲間

緑の葉に茶色の楔（くさび）模様が葉縁に入る美しい種。株は繊細で乾燥に弱いのでアクアテラリウム向きの種です

ベゴニアの仲間

ベゴニアらしい葉模様を持つ種で、密閉したカップに入って販売されていたため、この種も乾燥には弱いと思われます

苔と相性のよい植物

サトイモの仲間

アグラオネマをはじめ人気の種類が多いサトイモの仲間。園芸ショップでも様々な種類が販売されています。乾燥、多湿にも強いため、苔玉やコケリウムなど幅広い環境で楽しむことができます。

アグラオネマ・ロツンドゥム

濃い緑の葉に、葉脈に沿って濃いピンクの色彩が入る美しいアグラオネマ。産地によって葉の形やラインの入り方に違いが見られます

アグラオネマ・ピクツム

美しい葉模様はバリエーションが豊富で、本種だけをコレクションしているマニアも多い人気種。価格も様々です

スキスマトグロッテス

アグラオネマによく似たサトイモ科植物。園芸ショップでもまれに見かけますが、ネット通販や専門店での入手がほとんどです

エピプレヌム・アウレウム・ライム

ライムグリーンが人気のポピュラー種。ポトス・ライムの名前で流通しています。強健種で入手も容易。苔玉に植えるのに向いています

フィロデンドロン・スカンデンス・オキシカルディウム

ミニ観葉でもよく見られるポピュラー種。ポトス同様蔓（つる）状に生育するため、大型のコケリウムや苔玉に向いたサトイモ科植物です

121

その他の植物

園芸ショップへ行くと様々な植物が売られています。苔と相性がよい植物を選ぶポイントはハイドロカルチャー（土を使わない水栽培）で栽培できるものを選ぶということ。このような植物は基本的に多湿にも強いので、苔との相性も悪くありません。

ドラカエナ・サンデリアナ
クリーム色の覆輪（ふくりん）が美しい種。栽培も容易で、苔玉に用いると洋風な空間に似合うオシャレな作品に仕上がります

テーブルヤシ（カマエドレア）
園芸店でミニ観葉として販売されているポピュラーな種類です。苔玉にするとトロピカルな空間を演出してくれます

フィカス・プミラ
白覆輪の小さな葉を連ねる蔓（つる）植物。この種も苔玉向きですが、小さなガラス容器でアレンジしても面白い作品に仕上がります

苔と相性のよい植物

ペペロミアの一種
数多くの種類が知られ、園芸用として出回っている種は丈夫で栽培も容易。苔玉はもちろん、コケリウムに用いても面白い作品が作れます

ヒポエステス・フィロスタキア
ピンクのスポットが入るマダガスカル原産の美しい種で、白の品種も知られています。苔玉やコケリウムの素材として適しています

クリプタンサス・ビビッタンス
ヒメアナナスの仲間で多くの種類が知られています。乾燥にも強く苔玉の他、岩付けに用いても面白い作品ができます

ムシトリスミレ
食虫植物としても有名。スミレと名前についていますが、タヌキモの仲間。自生地は高山の岩場ですが、多湿でも育ちます

ハエジゴク
食虫植物の仲間で虎バサミのような葉が特徴的で人気があります。湿地に自生しているため多湿に強く、湿度の高いコケリウム向き

こんな時どうする？

苔を栽培していると思いがけないトラブルが発生することも。
ここではよくあるトラブルの対処法について解説していきます。

上部に配置した苔が枯れてきた

　蓋をしていない水槽でコケリウムを楽しむ際に発生するトラブルです。上部に配置した苔が枯れて茶色や白っぽくなってきたら、乾燥が原因であることが多いです。部屋が乾燥している冬などに起こりやすい現象です。
　霧吹きなどでこまめに水を与えたり、蓋をして湿度を高めるなどして対応しましょう。

夏場にタマゴケが枯れてしまった

　それまで順調に育っていた苔が夏場になって枯れてしまうことがあります。種類によっても異なりますが、自然環境でも季節によって一時的に枯れてしまったり、成長がとまるなどの現象が見られます。
　その原因のほとんどは夏場の高温や乾燥によるもので、室内で栽培している苔でも室温や湿度をコントロールしていないと、タマゴケなど一部の苔で、枯れてしまうことがあります。
　このような場合でも、環境が整うと再び苔が再生することが多いので、エアコンなどで温度を下げ、ミスト装置を設置して湿度をコントロールしてあげましょう。そうすることで新芽を伸ばし、美しい姿を見せてくれるようになります。
　右写真のタマゴケは春先まで美しい姿を保っていましたが、夏になり徐々に茶色くなって枯れてしまいました（写真①）。秋になりミスト装置を設置したところ、枯れた根元から鮮やかな新芽が伸びはじめました（写真②）。さらに1ヵ月後には全体が鮮やかな緑に復活しました（写真③）。

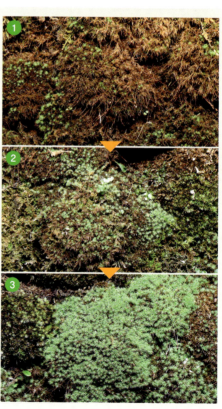

こんな時どうする？

葉が食べられてしまった

ヨトウムシやナメクジなどによる食害で、採集した苔のトリートメントをしっかり行なわないと発生します。

対策としては苔のトリートメントをしっかり行なうこと（P102参照）。もし発生してしまったら原因の生物を駆除する必要があります。このような生物は夜間照明を消して暗くなってから行動するので、夜中に観察して出てきたところを捕まえるとよいでしょう。

長期外出することになったら

旅行や出張など、長期間家を空けなければならないこともあるでしょう。蓋付きボトルなどの密閉型の容器や、タイマーで稼働するミスト装置を設置しているコケリウムではそれほど心配することはありませんが、苔玉や岩付けなど苔が直接外気にさらされている作品では、長期の水不足によって苔や植物が枯れてしまうこともあります。

長期外出する際、小型の作品であればホームセンターで販売されている米の保存容器などの蓋き密閉容器の中に、大きな作品であれば蓋付きのコンテナボックスの中に入れ、しっかり水を与えて蓋をしておきましょう。10日間程度であれば問題なく維持することができます（写真①、②）。

蓋のないガラス容器や水槽の場合には、事前にしっかりと水を与えた後に、食品用ラップフィルムなどで蓋をするだけでも湿度を保つことが可能です。縁をしっかり押さえ、できれば二重にラップをかけるようにしましょう（写真③）。

また、温度が上がりすぎず、直射日光があたらない明るめの場所に置いておきましょう。窓のある明るい浴室などが最適です。

種名索引

ア
ウキゴケ	51
オオカサゴケ	33
オオトラノオゴケ	42
オオバチョウチンゴケ	35

カ
カマサワゴケ	40
キダチヒラゴケ	42
ギンゴケ	32
クジャクゴケ	43
クロカワゴケ	40
コウヤノマンネングサ	41
コツボゴケ	36
コバノチョウチンゴケ	34
コムチゴケ	49

サ
シッポゴケ	27
ジャゴケ（オオジャゴケ）	51
スジチョウチンゴケ	36
スナゴケ	30

タ
タマゴケ	39
ツルチョウチンゴケ	34
トサカホウオウゴケ	26
トヤマシノブゴケ	44

ナ
ナミガタスジゴケ	50
ナミガタタチゴケ	25

ハ
ハイゴケ	47
ハマキゴケ	29
ヒノキゴケ	37
ヒメシノブゴケ	45
ヒメハイゴケ	48
ヒロハヒノキゴケ	38
フトリュウビゴケ	48
ホウオウゴケ	26
ホソウリゴケ	31
ホソバオキナゴケ	28
ホソバミズゴケ	24
ホソバミズゼニゴケ	50

マ
マルフサゴケ	46
ミヤマサナダゴケ	46

参考文献：
岩月善之助・水谷正美（1972）『原色日本蘚苔類図鑑』保育社.

素敵なコケリウム生活を

著 者

富沢直人（とみざわ・なおと）

1960年生まれ。岡山理科大学アクアリウム学科長。日本大学農獣医学部水産学科在学中から観賞魚輸入、イベント会社『アグアプロダクション』に在籍。世界中をまわり、熱帯魚、熱帯植物の採集調査を行なう。アクアテラリウム、パルダリウム、水草、熱帯植物、苔、シダをはじめ、海水魚、サンゴなどに精通し、関連書籍は多岐にわたる。

撮　影　富沢直人
編　集　石津恵造
　　　　江藤有摩
デザイン　スタジオB4
イラスト　いずもり・よう

撮影協力　岡山理科大学専門学校

苔で楽しむテラリウム

2019年4月15日　初版発行

発行者　石津恵造
発　行　株式会社エムピージェー
　　　　〒221-0001
　　　　神奈川県横浜市神奈川区西寺尾2-7-10　太南ビル2F
　　　　TEL.045(439)0160
　　　　FAX.045(439)0161
　　　　URL : http://www.mpj-aqualife.com

印　刷　大日本印刷株式会社

© Naoto Tomizawa 2019 Printed in Japan
ISBN 978-4-909701-18-3

落丁・乱丁本はお取り替えいたします。
定価はカバーに表示してあります。